BEI GRIN MACHT SICH IHR WISSEN BEZAHLT

- Wir veröffentlichen Ihre Hausarbeit, Bachelor- und Masterarbeit

- Ihr eigenes eBook und Buch - weltweit in allen wichtigen Shops

- Verdienen Sie an jedem Verkauf

Jetzt bei www.GRIN.com hochladen und kostenlos publizieren

Eick Sternhagen

Zeitreisen: Standpunkte der Forschung - Schlussfolgerungen

Ermöglicht die Zeitreisenforschung ein ewiges (virtuelles) Leben?

GRIN Verlag

Bibliografische Information der Deutschen Nationalbibliothek:

Die Deutsche Bibliothek verzeichnet diese Publikation in der Deutschen National-
bibliografie; detaillierte bibliografische Daten sind im Internet über http://dnb.d-
nb.de/ abrufbar.

Impressum:

Copyright © 2008 GRIN Verlag GmbH
Druck und Bindung: Books on Demand GmbH, Norderstedt Germany
ISBN: 978-3-640-17330-3

Dieses Buch bei GRIN:

http://www.grin.com/de/e-book/115784/zeitreisen-standpunkte-der-forschung-
schlussfolgerungen

PHYSIK: THEORETISCHE PHYSIK

Dr. Eick Sternhagen

Hamburg
2008

Zeitreisen: Standpunkte der Forschung – Schlussfolgerungen

Ermöglicht die Zeitreisenforschung ein ewiges (virtuelles) Leben?

INHALTSVERZEICHNIS

Zeitreisen: Standpunkte der Forschung – Schlussfolgerungen

Ermöglicht die Zeitreisenforschung ein ewiges (virtuelles) Leben?

1. Einleitung

Albert Einstein zufolge ist die Zeit relativ. Das bedeutet, dass zwei unterschiedliche bewegte Beobachter eine Zeitspanne, die zwischen denselben Ereignissen liegt, als verschieden lang empfinden können. Bei der Zeittheorie sind die Gedankenmodelle der speziellen und der allgemeinen Relativitätstheorie zu unterscheiden. Das eben genannte Zeit-Empfindungsmodell ist der speziellen Relativitätstheorie zuzuordnen. Die allgemeine Relativitätstheorie handelt von beschleunigten Systemen und definiert die Gravitation als eine Krümmung von Raum und Zeit. Die Krümmung resultiert aus der Existenz von Massen.[1] Kurt Gödel erfand die Weltformel für Zeitreisen auf der Grundlage von Einsteins Relativitätstheorie. Stephen Hawking schwankt zwischen der Machbarkeit von Zeitreisen und deren Verneinung. Roy Kerr versucht die Existenz von Schwarzen Löchern zu beweisen, während Kip Thorne darüber reflektiert, wie ein Wurmloch beschaffen sein müsse, damit man durch die Zeit reisen kann. Aktuelle Visionen von einer Zeitmaschine stellen die Physiker Amos Ori und Ronald L. Mallett vor.[2] Auf der Grundlage der Zeitreisen-Philosophie ergibt sich die Frage, u. a. auch resultierend aus der Forschung mit dem Teilchenbeschleuniger LHC (Large Hadron Collider) am CERN (Conseil Européen pour la Recherche Nucléaire)[3] in der Schweiz, inwieweit Zeitreisen realisierbar sind und welche neurologischen und das menschliche Bewusstsein betreffende Faktoren im Rahmen der Kausalitätsproblematik relevant sind. Daraus resultierend lohnt es sich zu überlegen, inwieweit die Zeitreisenforschung ein ewiges (virtuelles) Leben ermöglichen könnte.

---

[1] Vgl. BRIAN, DENIS: Einstein – Sein Leben, Berlin, 2005. ALBERT EINSTEIN: Grundzüge der Relativitätstheorie, Berlin 1990.

[2] Literatur der Autoren KURT GÖDEL, STEPHEN HAWKING, KIP THORNE, ORI, MALLET: Siehe Literaturverzeichnis.

[3] Vgl. PETRA GIEGERICH: Teilchenbeschleuniger LHC am CERN geht in Betrieb: Aufbruch in ein neues Forschungszeitalter auch für Mainz (Pressemitteilung), Universität Mainz 2008: http://idw-online.de/pages/de/news276772

2. Das Paradoxon-Problem

Um beispielsweise eine Zeitreise in die Zukunft zu begehen, müsste man sich mit 99,9 Perioden pro Centum Lichtgeschwindigkeit bewegen. Die Relativitätstheorie ermöglicht uns theoretisch eine Zeitreise in die Zukunft. Wenn sich ein Astronaut als „Zeitreisender" in einem Flugkörper mit 99, 999999 Prozent der Lichtgeschwindigkeit ein Jahr lang von der Erde entfernte und schließlich mit derselben Geschwindigkeit zu ihr zurückflöge, würde seine Uhr relativ zu der auf der Erde zurückgebliebenen langsamer laufen. Bei seiner Rückkehr (problematisch natürlich hier der Einfluss des Richtungswechsels am Umkehrpunkt) wäre der Astronaut aufgrund der Zeitdilatation um zwei Jahre gealtert, während auf der Erde ca. 14.000 Jahre vergangen wären. Dies würde für den Astronauten bedeuten, dass er – aus seiner Perspektive gesehen – in der irdischen Zukunft landet. Doch Einstein sowie der Lorenz-Kontraktion zufolge gibt es keinen Körper, der sich so schnell bewegen kann. Aus der speziellen Relativitätstheorie sowie den gekrümmten Raumzeiten geht zunächst hervor, dass Zeitreisen nicht funktionieren. Eine Zeitreise beispielsweise in die Vergangenheit wird Stephen Hawking zufolge schon deshalb konterkariert, weil das Zeitparadoxon dies nicht zulässt. Man stelle sich vor, der Nachfahre eines Attentäters reist in die Vergangenheit zurück, in die Zeit vor seine Geburt, um seinen Vater zu liquidieren, um das Attentat ungeschehen zu machen. Daraus würde folgen, dass der Attentäter keinen Sohn hat zeugen können, nachdem er von ihm eliminiert worden ist, bzw. es kann kein Sohn existieren, der seinen Erzeuger in der Vergangenheit umgebracht hat. Daher bestätigt Hawking die Hypothese vom Chronologieschutz[4], die besagt, dass der Naturgesetzlichkeit zufolge makroskopische Körper, die größer sind als 0,01 mm, keine Informationen in die Vergangenheit transportieren können.[5] Allerdings sei, so Hawking zehn Jahre später, theoretisch (ungeachtet der Chronologieschutz-Theorie) eine Zeitreise dann doch möglich, wenn die Raumzeit so stark gekrümmt sei, dass ein Zeitsprung vollzogen werden kann.[6]

---

[4] Ausführlicher dazu und zu den physikalischen Komplikationen: Vgl. STEPHEN W. HAWKING: The Chronology Protection Conjecture (Physical Review D 46), 1992, S. 603-611.

[5] Vgl. STEPHEN W. HAWKING: Protecting the Past: Is time Travel possible? (Astronomy, Vol.30, No.4), 2002, S. 46-49.

[6] Vgl. MATT VISSNER: Lorentzian Wormholes. From Einstein to Hawking (United Book), Baltimore 1996.

3. Albert Einstein und Kurt Gödel[7]: Statisches oder rotierendes Universum?

3.1. Einstein – Gödel: Charakteristika

Einstein und Gödel lehrten in Princeton. Gödel war 27 Jahre jünger als Einstein und ein begnadeter Mathematiker. Lohnenswert nun ist, zumindest menschlich gesehen eine Bereicherung, die beiden Charaktere Einstein und – den lange Zeit vergessenen, aber mittlerweile wieder ins Bewusstsein rückenden – Gödel zu vergleichen. Die Persönlichkeitsstruktur beider in Beziehung zueinander gesetzt ist mittelbar eine chiastische. Das bedeutet, dass Einsteins inneres Wesen dem äußeren Gödels entsprach und Gödels inneres Wesen dem äußeren Einsteins. Während Einstein, musisch talentiert und in seiner Freizeit virtuos Geige spielend, ein Anhänger von Mozart und Brahms war, bevorzugte Gödel Schlagzeugmusik und Mickey Mouse. Äußerlich hingegen nahm es Einstein mit den Konventionen nicht so genau. Er trug alte schlabberige Hosen, ebensolche Pullover, und seine Füße steckte er ohne Socken in seine Schuhe. Der Gang zum Friseur gehörte für Einstein außerdem, wie wir es von den Bildern kennen, nicht gerade zu seinen Passionen. Gödel hingegen war stets, auch im Sommer, in korrekt sitzenden Anzügen, Mantel und Schal gehüllt, sein Haarschnitt war militärisch kurz, obwohl er alles andere als militärisch war. Gödel war ein magerer und weitgehend humorloser Asket, Einstein hingegen wohl genährt, lustig mit kindlich neugierigen Augen. Während Gödel schrill kicherte, wenn er denn doch mal etwas als lustig empfand (z. B. Mickey Mouse), lachte Einstein voluminös aus der Tiefe seines Bauches heraus. Einstein vertrat zudem den Standpunkt, dass er eines Tages, wenn ihm sein letztes Stündlein geschlagen habe, mit minimaler medizinischer Hilfe ins Gras beißen wolle und bis dahin wolle er – seiner ruchlosen Seele entsprechend – auf „Teufel komm' heraus" drauf los sündigen, indem er raucht wie ein Schlot, schuftet wie ein Ackergaul und wahllos alle kulinarischen Köstlichkeiten in sich hineinstopfe. Gödel hingen hielt eine strenge Diät und beschränkte seine Ernährung vorwiegend auf Kartoffeln und Milchprodukte. Da er Angst hatte vergiftet zu werden, musste seine Frau Adele stets als Vorkosterin fungieren. Doch Einstein

---

[7] Vgl. BERND BULT (Hg. u. a.): Kurt Gödel, Wahrheit und Beweisbarkeit[2], Kompendium zum Werk, Wien 2002.

empfand Gödels Denken als derart scharfsinnig, tiefgründig und originell, dass er einmal äußerte, er begebe sich nur noch zum Institut, „um das Privileg zu haben, mit Gödel zu Fuß nach Hause gehen zu dürfen".[8]

3.2. Einstein – Gödel: Die wissenschaftliche Differenz

Als nun Einsteins wissenschaftlicher Weggefährte in Princeton, der geniale Jahrhundert-Mathematiker Kurt Gödel, sich mit der Relativitätstheorie befasste, resultierte daraus die Schlussfolgerung, dass Zeitreisen möglich seien, vorausgesetzt Massen in der Raumzeit rotieren so, dass Zeitschleifen entstehen, sozusagen Strudel, die Kreise bilden, auf welchen man mit Raumschiffen, die sich mit annähernd Lichtgeschwindigkeit fortbewegen, auf dem Zeitkreis in eine beliebige Zeit der Vergangenheit reisen könne. Gödel schenkte Einstein zu seinem 70. Geburtstag eine mathematische Zeitreise-Formel, deren Grundlage die Definition des Gödel-Universums ist.[9]

Diese Überlegungen resultierten aus der Grundlage von Einsteins Gleichungen in der allgemeinen Relativitätstheorie. Gödels Formel und damit die Möglichkeit von Zeitreisen, deren auf Paradoxa fußenden Kausalitätsproblematik Einstein augenblicklich im Geiste antizipierte, beunruhigte Einstein so sehr, dass er die Formel schnell wieder vergaß. Dennoch ließ es sich Einstein nicht nehmen, seinem wissenschaftlichen Freund Gödel zu widersprechen (und sich somit selber zu beruhigen), indem er argumentierte, das Universum sei statisch und würde sich der Urknall-Theorie zufolge – vor und nach Entfernung der Einsteinschen Konstanten durch Einstein – immer weiter ausdehnen, es sei nicht rotierend. Folglich sei Gödels Formel wirkungslos, da durch sie ein rotierendes Universum vorausgesetzt wird. Doch diese Auffassung Einsteins ist als Schlussfolgerung genauso hypothetisch wie die von Gödel, das bedeutet: man kann weder das eine noch das andere beweisen.

---

[8] Vgl. ALICE CALAPRICE (Hg.): Einstein sagt. Zitate, Einfälle, Gedanken, München 2004.
[9] Vgl. KURT GÖDEL: An Example of a new Type of Cosmological Solutions of Einstein's Field Equations of Gravitation (Reviews of Modern Physics 21/3), 1949.

Doch dieser Faktor der Nicht-Beweisbarkeit rüttelte nicht im Mindesten an Gödels Selbstverständnis. Schließlich gelang ihm bereits viele Jahre zuvor (1931) ein Bravourstück, indem er Hilberts Formalismus flugs und vollends auf den Kopf stellte. Gödel formulierte mit Hilfe komplizierter mathematischer Federführung den Unvollständigkeitssatz.[10] Dieser Satz sagt aus, dass die Wahrheit von mathematischen Sätzen nicht an ihre Beweisbarkeit gebunden sei. Wie ist diese Auffassung sprachlich intellektuell nachzuvollziehen bzw. zu begründen? In der Forschung hat man sich bisher wenig Mühe gemacht, diese Frage präzise und damit konkret zu beantworten. Abstrakt wird beispielsweise formuliert, es gebe in der mathematischen Theorie Sätze, die wahr sind, obwohl sie nicht bewiesen werden können. Gödel habe mit mathematischer Stringenz die Nicht-Beweisbarkeit eines „wahren" mathematischen Satzes vorgeführt. Was bedeutet dies nun konkret? Wenn die Logik der Erkenntnis „wasserdicht" ist und sich diese im Rahmen einer nicht beweisbaren Variante bewegt, ist damit nicht zwangsläufig ausgesagt, dass die Erkenntnis falsch ist, weil die Unbeweisbarkeit ihres Rahmens nicht bewiesen ist. Folglich ist eine potentiell gedachte Wahrheit auch eine Wahrheit. Bis zur Klärung der Umstände ist die gedachte Wahrheit als Teilwahrheit zwar eine unvollständige, aber immerhin eine Wahrheit. Philosophisch betrachtet bedeutet dies, dass der menschlichen Erkenntnis keine Grenze gesetzt ist.

4. Roy Kerr: Rotierende Schwarze Löcher

Roy Kerr, ein Mathematiker aus Neuseeland, formulierte dann im Jahr 1963 auf der Grundlage von Einsteins Gleichungen den Versuch eines Beweises für die Existenz von rotierenden Schwarzen Löchern.[11] Statt zu kollabieren würden sie sich zu rotierenden Kreisen entwickeln, die aus Neutronen bestehen. Die aus der enormen Geschwindigkeit der Rotation resultierende Zentrifugalkraft würde das Schwarze Loch am Leben erhalten. Jemand, der durch diesen Kreis oder Ring, das so genannte

---

[10] Vgl. RAYMOND SMULLYAN: Gödel´s Incompleteness Theorems. Oxford Logic Guides. Oxford University Press, 1992.

[11] Vgl. ROY PATRICK KERR: Gravitational Field of a spinning mass as an example of algebraically special metrics, 1963. Vgl. HANS ULRICH KELLER: Schwarze Löcher Exoten im Weltall (Sterne und Weltraum 36/4), 1997, S. 356-358: Deutung zu Kerr.

„Sternentor", hindurch flöge, würde wohlbehalten in ein alternatives Universum gelangen. Bei diesen Überlegungen unterschlug Kerr jedoch die Materien-Problematik, die erst bei der Reflektion über potentielle Wurmlöcher differenziert dargestellt wurde.

5. Kip Thorne: Über die Beschaffenheit von Wurmlöchern

Kip Thorne stellt Überlegungen an, wie ein Wurmloch beschaffen sein müsste, damit man in die Vergangenheit reisen kann.[12] Am einen Ende müsste das Wurmloch mit beinahe Lichtgeschwindigkeit umherschnellen. Das andere Ende müsste an einem Punkt im Raum fixiert sein. Relativ altert das bewegte Ende langsamer, so dass man von dem ruhigen Fixpunkt des Wurmloches aus in die Vergangenheit reisen kann. Dabei reflektiert er, dass Wurmlöcher eine exotische Dichte aufweisen müssten, die aus einer negativen Energie besteht, die nicht zu verwechseln ist mit der bereits erzeugbaren Antimaterie.[13]

Die negative Energie würde ein Minusgewicht auf die Waage bringen. Zur Gewinnung dieser negativen Energie, so vermutet Hawking, könne die Umgebung eines Schwarzen Lochs dienen, da dort Teilchen aus Quanteneffekten entstehen, die der gewünschten exotischen (negativen) Materie entsprechen. Da diese jedoch dort aufgrund der absorbierenden Anziehungskraft sofort nach ihrer Entstehung wieder verschwindet, müssten diese Teilchen kurz vor der Absorbierung abgeschöpft werden, so dass auf diese Weise die negative Energie gewonnen wäre. Durch eine solche Maßnahme könnte man ein bisher rein hypothetisch bestehendes Wurmloch aufbauen, stabilisieren und somit realisieren. Dieses hätte dann im Gegensatz zum Schwarzen Loch den Vorteil, dass es beliebig schwere makroskopische Materie durchlassen würde, statt sie zu verschlucken oder zu zerstören.

---

[12] Vgl. KIP S. THORNE: Do the Laws of Physics Permit Closed Timelike Curves? (Annals of the New York Academy of Science, Vol. 631), 1991, S.182-193.
[13] Vgl. KIP S. THORNE: Do the Laws of Physics Permit Closed Timelike Curves? (Annals of the New York Academy of Science, Vol.631), 1991, S.182-193. Vgl. C. W. MISSNER, K. S. THORNE, J. A. WHEELER: Gravitation (Freeman, Vol. 3), San Francisco 1973.

Auf diese Weise wäre ein räumlich vierdimensionaler Hyperraum konstruiert, der riesige Strecken von zum Beispiel Milliarden von Lichtjahren auf ein Nichts an Weg verkürzen könnte. Die vierte Dimension ist hier nicht die Zeit, sondern, so wie sich die dritte Dimension aus sechs Flächen zu einem Raum gestaltet, so kann die vierte Dimension als die Konstellation der Summe von acht Volumen gedacht werden. Zu unterscheiden wäre aber hier zwischen der Überwindung von Distanzen von Strecken und der Überwindung von Zeitbarrieren.

Die Möglichkeit der Rotation von Schwarzen Löchern zieht Thorne – im Gegensatz zu Kerr – nicht in Betracht. Auch das aus u. a. dem Schwarzen Loch hervorgehende Wurmloch lässt bei Thorne keinen rotierenden Charakter erkennen.

6. Alexander Shatskiy: Identifikationsmerkmale für ein Wurmloch

Auch wenn man bis jetzt noch keine Wurmlöcher entdeckt hat, so gehen Physiker dennoch davon aus, dass mikroskopisch kleine Wurmlöcher aus dem Urknall hervorgegangen sind, die sich dann zu riesigen Schläuchen aufgebläht haben. Solche Wurmlöcher könnten spezialisierte Physiker von Schwarzen Löchern unterscheiden. So hat beispielsweise Alexander Shatskiy im Jahr 2007 deutliche Identifikationsmerkmale für ein Wurmloch errechnet.[14] Er vermutet auch rotierende Wurmlöcher. Der Unterschied zwischen Schwarzen Löchern und Wurmlöchern kann an der Wirkung auf das Licht abgelesen werden. Während das Schwarze Loch aufgrund seiner hohen Gravitationskraft wie eine Sammellinse auf das Licht wirkt, wird es von einem Wurmloch zerstreut. Mit dem russischen Weltraumteleskop Millimetron will man ab 2016 Wurmlöcher im All suchen.

Um den Begriff Wurmloch zu veranschaulichen, stellt man sich am besten einen Apfel mit seiner zweidimensionalen Oberfläche als dreidimensionales Universum vor. Der Wurm kann sich durch den Apfel hindurch fressen, um auf die andere Seite zu

---

[14] Vgl. ALEXANDER SHATSKYI: Passage of Photons Through Wormholes and the Influence of Rotation on the Amount of Phantom Matter around them (arXiv:0712.2572v1 [astro-ph]), 2007.

gelangen. Das Wurmloch ist also der vom Wurm gebahnte Weg zu einem anderen Ort oder vielleicht auch in eine andere Zeit. Die Durchquerung eines Wurmloches würde aber realiter blitzschnell passieren, so dass der Vergleich mit dem Wurm, der sich durch den Apfel frisst, metaphorisch räumlich-dimensional aufzufassen ist, nicht aber zeitlich.

7. Der Casimir-Effekt

Neben dem potentiellen Gewinn von negativer Energie von Schwarzen Löchern kann diese Energie auch dem Casimir-Effekt zufolge anhand von zwei elektrische Energie leitenden Platten gewonnen werden. Der niederländische Physiker Hendrik Casimir hat 1948 solche Platten in äußerst geringem Abstand parallel nebeneinander positioniert. Obwohl keinerlei äußere Kräfte auf die Platten wirken, ziehen sich die Platten an. Dafür liefert die Quantenfeldtheorie eine Erklärung. Da im Vakuum permanent Teilchen erzeugt und wieder vernichtet werden, kann der Heisenbergschen Unschärferelation zufolge die für die Erzeugung des Teilchens benötigte Energie kurzfristig ausgeborgt werden, indem sie wiederum durch die Vernichtung des erzeugten Teilchens ausgelöst wird.[15]

8. Amos Ori: Modell für eine Zeitmaschine

In der aktuellen Forschung meldet sich 2007 der israelische Physiker Amos Ori zu Wort. Dieser stellt ein neues theoretisches Modell in der Fachzeitschrift 'Physical Review' vor.[16] Fehlt auch die Bauanleitung für eine Zeitmaschine, so meint er dennoch, bislang vorhandene Probleme für Reisen in die Vergangenheit überwunden zu haben.

---

[15] ASTRID LAMBRECHT: Das Vakuum kommt zu Kräften: Der Casimir-Effekt (Physik in unserer Zeit 36/2), 2005, S. 85-91.
[16] Vgl. AMOS ORI: Formation of closed timelike curves in composite vacuum/dust asymptotically flat space time (Physical Review D, Vol.76, 0440 3), 2007. Ders.: A Class of Time-Machine Solutions with a Compact Vacuum Core, (Physical Review Lett. 95, 021101), 2005.

In seiner Theorie bezieht sich Ori auch auf die Nutzung von Wurmlöchern und ist dabei zu der eigenwilligen Erkenntnis gelangt, dass negative Energie zur Stabilisierung des Wurmlochs nicht benötig wird. Dafür ersinnt er ein Universum, das nicht unserer realen physikalischen Vorstellung entspricht, und gelangt zu derselben Schlussfolgerung wie Kurt Gödel Jahrzehnte zuvor, indem er Zeitschleifen für Reisen durch die Zeit als Zeitenweg favorisiert. An dieser Stelle stellt sich nun die Frage nach dem tatsächlich neuen Ansatz in der Zeitreise-Theorie von Ori und welche Funktion dabei die Wurmlöcher haben könnten.

Amos Ori schließt seiner Theorie zufolge Wurmlöcher für sein Vorhaben aus. Er erspart sich die Anstrengung, negative Energie zu beschaffen und konstatiert – im Prinzip an Gödel, aber auch an Hawking anschließend –, dass Zeitschleifen geschaffen werden müssen. Daraus folgt, dass in Erweiterung zu Einstein und Gödel für Ori die Frage, ob das Universum statisch oder rotierend sei, aufgehoben zu sein scheint, weil er die künstliche Schaffung von Zeitzirkulationen innerhalb des Raums auf der Erde ins Auge fasst. Ori beschreibt das Modell einer Zeitmaschine, die asymptotisch flach ist und eine Hyperoberfläche bildet. Die Zeitmaschine selbst ist nicht konsistent materiell, also kein Auto, in das man sich hineinsetzen kann oder auch keine Apparatur, an der man Schalter, Knöpfe oder Touchscreens bedient. Die Zeitmaschine selbst ist die Zeit. Sie besteht aus einem Vakuum und Staub. Exotische Energie wird nicht benötigt. Aber nicht nur Staub, sondern auch jegliches andere Material kann benutzt werden, sofern es ausreicht, um eine bestimmte Raumzeitkrümmung zu erzeugen. Um diese Krümmung zu bewirken, müssten große Massen in regionaler Nähe sein, wie beispielsweise – in diesem Fall – ein künstlich erzeugtes Schwarzes Loch, oder Gravitationswellen müssten den lokalen Raum beeinflussen und entsprechend stark krümmen.

9. Die Kausalitäts-Problematik und die Bewusstseins-Problematik

Die Kausalitäts-Problematik, die sich bei Zeitreisen in die Vergangenheit ergeben, resultiert aus den Paradoxien. Das Attentäter-Paradoxon war ein hier bereits aufgeführtes Beispiel. Es besteht bei einer Zeitreise in die Vergangenheit die Gefahr der Selbstelimination. Begegnet man beispielsweise seinen Eltern in der Zeit vor der eigenen Geburt und bringt diese auseinander bzw. veranlasst Umstände, die diesen Prozess auslösen, müsste man mit dem Verlust des Ichs rechnen, also mit der Auflösung der eigenen Person, sofern die zeitliche Entwicklungslinie dazu führt, dass die Zeugung und die Geburt des Zeitreisenden nicht stattfindet. Nach so erfolgter Selbstelimination wiederum existiert der besagte Zeitreisende nicht mehr und kann so auch nicht seine Eltern in der Zeit vor seiner Zeugung auseinander bringen. Dies würde wiederum bedeuten, dass der Zeitreisende dann doch gezeugt und geboren wird und somit existiert und seine Eltern dann doch vor seiner Geburt auseinander bringen kann. Daran anknüpfend würde sich dieses Denkschema wiederholen. Dieser so gedachte beliebig wiederholbare Zyklus beschreibt das perfekte Paradoxon in infinitum.

Noch problematischer ist die Begegnung mit sich selbst, dem alter Ego und damit auch zugleich mit dem eigenen Ego, dem ego Ego. Hier hebt die Problematik in die fundamental neurologisch-ontologische Dimension ab, die so schlussfolgernd in der Forschung bisher kaum in Betracht gezogen wurde: Begegnet der Zeitreisende sich selbst in der Vergangenheit erfolgt automatisch eine Reaktion des alter Ego in der Vergangenheit auf das aus der Zukunft kommende Ich, gesehen aus der Perspektive des Besuchten, da ich ja nur aus der Wahrnehmung meines Ichs in der Vergangenheit aus der Zukunft komme, während ich, der ich in die Vergangenheit reise, aus der Gegenwart komme. Die Problematik spielt sich auf der Bewusstseinsebene ab. Wer ist mein Ich in der Vergangenheit, das ich besuche? Beinflusse und verändere ich als Zeitreisender durch ein Gespräch mit mir in der Vergangenheit den Handlungs- und Verhaltensablauf in der eigentlich vorgesehenen Zeit- und damit Ereignislinie, müsste ich mich zugleich selbst an mich und das neue Handlungsmuster (aus der Vergangenheit) als Zeitreisender (aus der Zukunft bzw. der Gegenwart) erinnern, da ich ja ich bin. In gleicher Weise müsste in einem Gespräch mit mir selber zwangsläufig ein Zustand eintreten, der ein doppeltes Bewusstsein nicht zulässt, sondern eine Verschmelzung der Bewusstseinsebenen evoziert. Das bedeutet: Das Ich aus der Vergangenheit sieht das Ich aus der Zukunft, und gleichzeitig sieht das Ich aus der Zukunft das Ich aus der Vergangenheit. Ich sehe mich, da ich nur ein Bewusstsein habe, zugleich aus zwei Perspektiven doppelt und selbst. Dieses Paradoxon ist nicht nur schwer vorstellbar, sondern, wie der Name schon sagt, auch unauflösbar. Man könnte diesen Gedanken nun weiter führen und sich fragen, wie die ontologische Dimension auf der Bewusstseinsebene funktioniert, wenn ich, der ich mich in der Vergangenheit besuche, mit mir aus der Vergangenheit eine Zeitreise in eine weitere andere Zeit unternehme, um mich selbst erneut zu besuchen: „Wir" wären dann mit ein und demselben Bewusstsein zu Dritt, nach einer weiteren Zeitreise zu sich selbst zu Viert, dann zu Fünft etc. Dieser Stream ließe sich beliebig oft fortsetzen, mündete aber letzten Endes doch nur in ein Selbstgespräch.

10. Schrödingers Katze und das Paralleluniversum

Bringt man nun die Quantentheorie mit den Vorstellungen von der Physik der Gravitation in Verbindung, gewinnt man angeblich neue Erkenntnisse, die das Paradoxonproblem zu relativieren scheinen. Der Quantentheorie zufolge kann ein Objekt gleichzeitig in unterschiedlichen Räumen existieren. Dieses Phänomen ist bekannt durch die so genannte Schrödinger-Katze[17], die zeitgleich sowohl tot als auch lebendig existieren kann. Wie muss man sich diesen Effekt konkret vorstellen? Durch eine Zeitreise in die Vergangenheit würden wir ein Paralleluniversum kreieren. Wir könnten beispielsweise in die Zeit des Attentats auf J. F. Kennedy zurückreisen, ihn retten, der historische Kennedy der eigentlichen Welt bliebe dennoch tot. Der Kennedy in der Parallelwelt würde weiter existieren. Der Haken dieser neuen (und doch altbekannten) Erkenntniswelt ist jedoch, dass Schrödinger sich auf die Quantenmechanik allein beruft und feststellt, dass ein Elektron dem Superpositions-Zustand entsprechend sich gleichzeitig in zwei Zuständen befinden kann. Und dieser Zustand resultiert aus der Messbarkeit. Dieser Zustand wird aber nicht zwangsläufig

---

[17] Vgl. recht unterhaltsam dazu: BIRGIT BOMFLEUR: Schrödingers Katze kann aufatmen – und sei es auch nur ein letztes Mal (ScienceUp), Ismaning 2001.

aus der Perspektive des Objektes tatsächlich wahrgenommen. Wenn dies nun bedeutet, dass dasselbe Objekt in zwei unterschiedlichen Zuständen gemessen werden kann, bedeutet dies aber nicht, dass das Objekt diesen Zustand auch empfindet. Da Objekte aus Elektronen bestehen, kann diesen Versuch folglich auch eine Katze betreffen, die allerdings den Zustand ihres Todes ohnehin nicht mitbekommen kann. Auch stellt sich unabhängig davon – und darüber hinausgedacht – wieder die Bewusstseinsfrage. Kann man ein bewusstloses Elektron mit dem Bewusstsein beispielsweise eines Menschen vergleichen? Dieser müsste sich demnach ja mit einem Bewusstsein in unterschiedlichen Zuständen gleichzeitig erfassen, denn er hat nur ein Bewusstsein. Es wird bei der Superposition kein Klon produziert. Der Prozess hat aber vorerst weder etwas mit einer Zeitreise noch mit der Gravitation zu tun.

11. Ronald L. Mallett: Zeitlich begrenzte Zeitreisen in die Vergangenheit

Einstein fand heraus, dass sich, je schneller man sich einem Gravitationsfeld nähere, die Zeit umso langsamer verläuft. Daher ist die Zeit keine Konstante. Das theoretische Modell für Zeitreisen war entstanden. Die Theorie wurde einem Praxistest unterzogen. Im Jahr 1971 wurde eine Atomuhr in einem Passagierjet positioniert, eine andere verblieb auf der Erde. Der Jet flog in östlicher Richtung um die Welt. Beim Vergleich der Atomuhren nach 65 Stunden stellte sich heraus, dass jene aus dem Flugzeug um 59 Milliardstel Sekunden langsamer lief.

Der U.S. amerikanische Physiker Ronald L. Mallett[18] konstatiert 2007, dass wenn man nun in die Vergangenheit reisen wolle, in westlicher Richtung fliegen müsse. Einstein zufolge könne man in die Vergangenheit jedoch nicht mit überhöhter Geschwindigkeit gelangen, sondern vielmehr durch die Drehung der Raumzeit. Aus der dafür nötigen Verzerrung der Raumzeit würden resultierend aus Schwarzen Löchern, Wurmlöchern oder Strings in sich geschlossene Schleifen entstehen. Da die dafür benötigten enormen Massen, so Mallett, nicht kontrollierbar seien, müsse man

---

[18] RONALD L. MALLETT, Bruce Henderson: The Time Traveller, One Man's Mission to make Time Travel a Reality, Amersham 2007. Siehe außerdem insbesondere: ein informatives Video bei youtube zum Thema: RONALD L. MALLETT: The World's first Time Machine: youtube: http://www.youtube.com/watch?v=EWnoMaSgYPY, 2007.

sich, auf Einstein fußend, etwas anderes überlegen, um die Reise in die Vergangenheit zu ermöglichen, indem die Energie gekrümmt werde. Zirkulierendes Licht sei daher der Schlüssel zur Reise durch die Zeit. Mallett konstruierte in seinem Schlafzimmer eine Zeitmaschine – seine Ehe war inzwischen zerbrochen. Doch dabei handelte es sich lediglich um ein Miniatur-Konstrukt. Mit Forschungsgeldern in Höhe von 250.000 Dollar, so Mallett, wäre es ihm möglich, einen Lichtturm zu bauen, der eineinhalb Meter hoch wäre und aus Licht bestünde. Die Wände eines jeden Stockwerkes bestünden aus vier Laserstrahlen.

Zur Probe wolle der Physiker ein Neutron in dem zirkulierenden Zylinder auf den Weg bringen. Ändert es seine Richtung, wäre dies der Beweis für die Drehung des Raumes. Entgegen seiner Kritiker, die äußern, es könne nicht genügend Laserkraft aufgebracht werden, um die Zeit zu wirbeln, vertritt der afroamerikanische Physik-Professor Mallett die Ansicht, dass es nur noch eine Frage der Zeit sei, bis dieses Problem mathematisch gelöst ist. Außerdem habe niemand seine mathematisch errechnete Theorie bisher mathematisch widerlegen können.

Einen Haken hat jedoch diese durchaus mögliche Zeitmaschine. Man kann nicht in die Zeit vor der Existenz der funktionierenden Zeitmaschine Reisen: „Die Zeitschleifen werden nämlich erst dann gebildet, wenn die Maschine angeworfen wird. Nehmen wir an, ich schalte sie jetzt ein und lasse sie zehn Jahre lang laufen. Wenn ich dann in die Zeitmaschine einsteige, kann ich zwar in die Vergangenheit reisen – aber nur zurück bis zum heutigen Tag.“[19]

12. Reisen in die Zukunft

Scheinbar leichter zunächst wird es der aktuellen Forschung zufolge bei Reisen in die Zukunft. Mit dem Teilchenbeschleuniger LHC (Large Hadron Collider), der im Forschungszentrum am CERN steht, will man die Reise in die Zukunft in die Nähe der Realität rücken. Durch den Teilchenbeschleuniger kann man Teilchen aufeinander

---

[19] BETTINA GARTNER: Die Zeit Nr. 45, 2007.

schleudern. Von den russischen Forschern wurde berechnet, dass durch den LHC die Wirklichkeit in Frage gestellt werden kann. Das bedeutet, dass der Teilchenbeschleuniger in der Lage ist, im Gewebe der Wirklichkeit einen Riss zu erzeugen. Technologisch entsprechend gerüstet könnten Menschen durch ein Tor in die Zukunft reisen. Dort ergäbe sich auch nicht die Kausalitäts-Problematik, es sei denn, man reist in die Zukunft, welche vor ihrer Zukunft liegt.[20]

Welche Funktion konkret hat die Beschleunigung der Teilchen aufeinander? Ziel der LHC-Forschung ist es zunächst, ein mikroskopisch kleines Schwarzes Loch zu produzieren. Daraus resultierend ist auch die Entstehung von Wurmlöchern denkbar. Dadurch wäre eine Reise durch die Zeit insgesamt denkbar. Auf diese Weise könnte auch das Universum und sein Anfang erforscht werden, vorausgesetzt der Zeitreisende explodiert nicht mit dem Urknall, falls er in diese Zeitsphäre reisen sollte. Zur Zeit begnügt man sich noch mit der Rekreation der Prämisse für den Urknall, aus welcher dieser dann resultieren soll, so kolportieren es die Gazetten. Dabei werden mikroskopisch kleine Schwarze Löcher erzeugt, die – zur Beruhigung aller – dann wieder harmlos verpuffen.

Kausal-intellektuell ist aber die Vorstellung von der Reise in die Zukunft problematisch. Stephen Hawking äußerte, wenn dies möglich wäre, müssten wir schließlich Zeittouristen aus der Zukunft in unserer Zeit begegnen. Diese Form der Gedankenführung lässt sich aber schnell aus dem Weg räumen, was bisher auch noch niemand versucht hat. Hier mein Versuch: 1. Gäbe es Reisende aus der Zukunft in unserer Zeit, würden diese sich nicht zwingend zu erkennen geben, um nicht Gefahr zu laufen, das Kausalitätsprinzip zu gefährden oder anders gewendet: Würden sie sich dennoch zeigen, bedeutete dies nicht zwingend, dass wir sie auch in ihrer Funktion als Zeitreisende zu Gesicht bekämen. 2. Die Möglichkeit einer Reise durch ein Wurmloch in die Zukunft bedeutet noch lange nicht, dass es eine Zukunft gibt, also dass es eine Zukunft gibt, in der es ein menschliches Umfeld oder ein Umfeld von Lebewesen überhaupt gibt. Das bedeutet, die Zukunft hat noch nicht stattgefunden. 3. Es erhebt

---

[20] Vgl. PETRA GIEGERICH: Teilchenbeschleuniger LHC am CERN geht in Betrieb: Aufbruch in ein neues Forschungszeitalter auch für Mainz (Pressemitteilung), Universität Mainz 2008: http://idw-online.de/pages/de/news276772

sich erneut die prinzipiell in der Forschung unbeachtete Bewusstseinsproblematik, wenn auch (im Vergleich zu oben) variiert: Wenn es einen Raum mit Menschen in der Zukunft gibt, z. B. Sie in 20 Jahren, müssten auf dem Zeitbogen x unendliche viele Ich-Bewusstseins Ihres Ichs existieren, die jeweils eigenverantwortlich denken und handeln, doch nehmen Sie Ihr Bewusstsein nur in diesem Moment akut wahr.

13. Von der Zeitreise zu einem ewigen (virtuellen) Leben

Mit Hilfe der Verschränkung, die zum Zwecke der Teleportation von Licht in die Zukunft, aus der Quantenphysik resultiert, können einzelne Photonen gebeamt werden. Bewerkstelligt wird dies, indem zwei Lichteilchen gemessen werden. Dabei wirkt jede Manipulation vom einen Teilchen auf das andere, unabhängig davon, wie weit es entfernt ist. Die assimilierten Lichtteilchen sind dann gleich und zugleich unabhängig voneinander. Wie im Einzelnen muss man sich das praktisch vorstellen? Zunächst bleibt festzuhalten, dass Lichtteilchen, auch außerhalb des Labors, über größere Strecken teleportiert werden können. So haben Wiener Wissenschaftler Quantenzustände von Photonen durch ein unter der Donau verlegtes Glasfaserkabel über eine Wegstrecke von 600 Metern teleportiert. Im britischen Wissenschaftsmagazin 'Nature' wurde dieses erfolgreiche Experiment als Bravourstück gefeiert.[21] Dabei werden nicht die Teilchen selbst teleportiert, sondern vielmehr deren Quantenzustände, also deren Informationen. Auf diese Weise entsteht eine exakte Kopie der Quelle. Nicht nur Photonen, sondern auch Atome können so mit Überlichtgeschwindigkeit teleportiert werden. Auf diese Weise kann beispielsweise das Datenmaterial eines Computers im Nu als Output zum Input eines anderen werden.

Abstrahiert und im hinkenden Vergleich könnte man in dieser physikalischen Leistung eine Weiterentwicklung bzw. Variation zu der aus der Zeitforschung resultierenden Schrödinger-Variante sehen. Doch könnte auch mit Hilfe der Photonen-Forschung das Ende unseres Lebens im Diesseits in ein virtuelles Leben in einem kybernetischen Raum umgewandelt werden? Wenn es möglich ist, dass Atome teleportiert werden

---

[21] Vgl. PETER URSIN u. a.: Communications: Quantum teleportation across the Danube (Nature 430, S. 849), 2004.

können, müsste es auch möglich sein, neuronale Partikel des Gehirns in einen virtuellen Raum zu transportieren. Schon heute kann man in die Rolle unterschiedlicher virtueller Figuren und Stereotypen schlüpfen. Unser Bewusstsein bleibt dabei natürlich außerhalb der virtuellen Welt bei uns Lebenden bzw. in uns selbst, die wir vorm dem PC sitzen, wenn wir in einem Computer-Spiel den Helden oder den Bösewicht darstellen.

In der Paralyse-Forschung hat man bereits Experimente mit Gelähmten durchgeführt, welche ausschließlich aufgrund ihrer Gedanken über ein am Gehirn platzierten Mikroship den Finger einer gelähmten Hand bewegen konnten. Außerdem kann man den Curser auf dem PC-Bildschirm allein durch die Kraft des Gedankens in Position bringen und bewegen. Der Mauspfeil bekommt den Impuls direkt von dem mit dem Computer verbundenen Gehirn.[22]

Es können zwar keine größeren Massen bzw. Objekte teleportiert werden, jedoch Atome und Quantenzustände. Da das Gehirn hauptsächlich auf der Basis der Interaktion von Neuronen, die stark miteinander vernetzt sind, sowie über deren elektrische Impulse funktioniert, wäre es nach meiner Auffassung denkbar, über die Teilchenverschränkung Neuronenpartikel mit Eigenbewusstsein zu kopieren, deren Quantenzustände teleportiert werden könnten. Die abgeschickte Kopie wird durch die Nachsendung der Quelle wieder zum Original an einem anderen Ort. Inwieweit sich nun das gesamte Bewusstsein und die Neuronen, auch die, in denen unsere Erinnerungen gespeichert sind, eines Menschen insgesamt teleportieren lassen, mögen die Rechenkünstler herausfinden. Die Lösung zu dieser Möglichkeit dürfte durch eine enge Zusammenarbeit der theoretischen und experimentellen Physik mit der Informatik und der Medizin vorangetrieben werden können. Ein entsprechend hohes Quantum an Forschungsgeldern müsste zur Verfügung stehen. It's your turn now, Bill Gates!

Schon zu Lebzeiten könnte der Mensch ein ewiges im Leben im virtuellen Raum leben, sich einen virtuellen Körper aussuchen, mit dem er holographisch in die reale

---

[22] Vgl. JOSÉ DEL MILLÀN, Nano online: Das Gehirn als Joystick – Gedankenkommunikation:
http://www.3sat.de/3sat.php?http://www.3sat.de/nano/bstuecke/64605/index.html

Welt reisen könnte. Möglicherweise könnte aber der im virtuellen Jenseits existierende Geist in einen Mikrochip teleportiert und dann in einen bionischen oder hybriden Körper im Diesseits eingepflanzt werden. Allerdings müssten in diesem Fall neue Welten im All erschlossen werden, um der so explodierenden Bevölkerungsdichte auf der Erde ein Schnippchen zu schlagen. Dabei ist zu bedenken, dass dieser Typ von bionischem oder hybridem Wesen nicht zwingend Sauerstoff benötigt.

14. Fazit

Die Entwicklung der Zeitreisenforschung im letzten Jahrhundert und am Anfang dieses Jahrhunderts hat gezeigt, dass auf der Grundlage von Einsteins Relativitätstheorie Konstruktionen von Zeitmaschinen möglich sind. Lediglich die Frage nach deren Stabilität ist noch offen. Will man Mallett zustimmen, so ist jedoch die Zeitreise in die Vergangenheit nur in die Zeit der fertig gestellten Zeitmaschine möglich. Die Kausalitätsproblematiken zudem lassen sich nicht durch die Version von möglichen Parallelwelten aus dem Wege räumen. Insbesondere die Bewusstseinsproblematik von ego Ego und alter Ego, die in der Forschung so bisher nicht diskutiert wurde, wie in dem vorliegenden Aufsatz, wirft neue Fragen in der Paradoxa-Linie auf. Denkbar wären Zeitreisen dennoch. Problematisch aber ist die Annahme von der Möglichkeit einer Reise in die Zukunft, da wir davon ausgehen können, wie dargelegt, dass unsere Zukunft noch nicht statt gefunden hat. Resultierend aus der Zeitreisenforschung rückt ein ewiges virtuelles Leben in greifbare Nähe, aber auch ein ewiges Leben im Diesseits wird über die Option der Teilchenverschränkung zum realitätsnahen Faktor. Lediglich die Technik ist noch nicht so weit.

LITERATUR

ALEXANDER SHATSKYI: Passage of Photons Through Wormholes and the Influence of Rotation on the Amount of Phantom Matter around them (arXiv: 0712.2572v1 [astro-ph]), 2007.

ALBERT EINSTEIN: Grundzüge der Relativitätstheorie, Berlin 1990.

ALICE CALAPRICE (Hg.): Einstein sagt. Zitate, Einfälle, Gedanken, München 2004.

AMOS ORI: A Class of Time-Machine Solutions with a Compact Vacuum Core, (Physical Review Lett. 95, 021101), 2005.

AMOS ORI: Formation of closed timelike curves in composite vacuum/dust asymptotically flat space time (Physical Review D, Vol.76, 0440 3), 2007.

ASTRID LAMBRECHT: Das Vakuum kommt zu Kräften: Der Casimir-Effekt (Physik in unserer Zeit 36/2), 2005.

BERND BULT (Hg. u. a.): Kurt Gödel, Wahrheit und Beweisbarkeit[2], Kompendium zum Werk, Wien 2002.

BETTINA GARTNER: Die Zeit Nr. 45, 2007.

BIRGIT BOMFLEUR: Schrödingers Katze kann aufatmen – und sei es auch nur ein letztes Mal (ScienceUp), Ismaning 2001.

BRIAN, DENIS: Einstein – Sein Leben, Berlin, 2005.

C. W. MISSNER, K. S. THORNE, J. A. WHEELER: Gravitation (Freeman, Vol. 3), San Francisco 1973.

HANS ULRICH KELLER: Schwarze Löcher Exoten im Weltall (Sterne und Weltraum 36/4), 1997.

JOSÉ DEL MILLÀN, Nano online: Das Gehirn als Joystick: Gedankenkommunikation:http://www.3sat.de/3sat.php?http://www.3sat.d e/nano/bstuecke/64605/index.html

KIP S. THORNE: Do the Laws of Physics Permit Closed Timelike Curves? (Annals of the New York Academy of Science, Vol. 631), 1991.

KIP S. THORNE: Do the Laws of Physics Permit Closed Timelike Curves? (Annals of the New York Academy of Science, Vol. 631), 1991.

KURT GÖDEL: An Example of a new Type of Cosmological Solutions of Einstein's Field Equations of Gravitation (Reviews of Modern Physics 21/3), 1949.

MATT VISSNER: Lorentzian Wormholes. From Einstein to Hawking (United Book), Baltimore 1996.

PETER URSIN u. a.: Communications: Quantum teleportation across the Danube (Nature 430, S. 849), 2004.

PETRA GIEGERICH: Teilchenbeschleuniger LHC am CERN geht in Betrieb: Aufbruch in ein neues Forschungszeitalter auch für Mainz (Pressemitteilung),Universität Mainz 2008: http://idw-online.de/pages/de/news276772

RAYMOND SMULLYAN: Gödel´s Incompleteness Theorems. Oxford Logic Guides. Oxford University Press, 1992.

RONALD L. MALLETT, BRUCE HENDERSON: The Time Traveller, One Man's Mission to make Time Travel a Reality, Amersham 2007.

RONALD L. MALLETT: The World's first Time Machine: youtube: http://www.youtube.com/watch?v=EWnoMaSgYPY, 2007.

ROY PATRICK KERR: Gravitational Field of a spinning mass as an example of algebraically special metrics, 1963.

STEPHEN W. HAWKING: Protecting the Past: Is time Travel possible? (Astronomy, Vol.30, No.4), 2002.

STEPHEN W. HAWKING: The Chronology Protection Conjecture (Physical Review D 46), 1992.